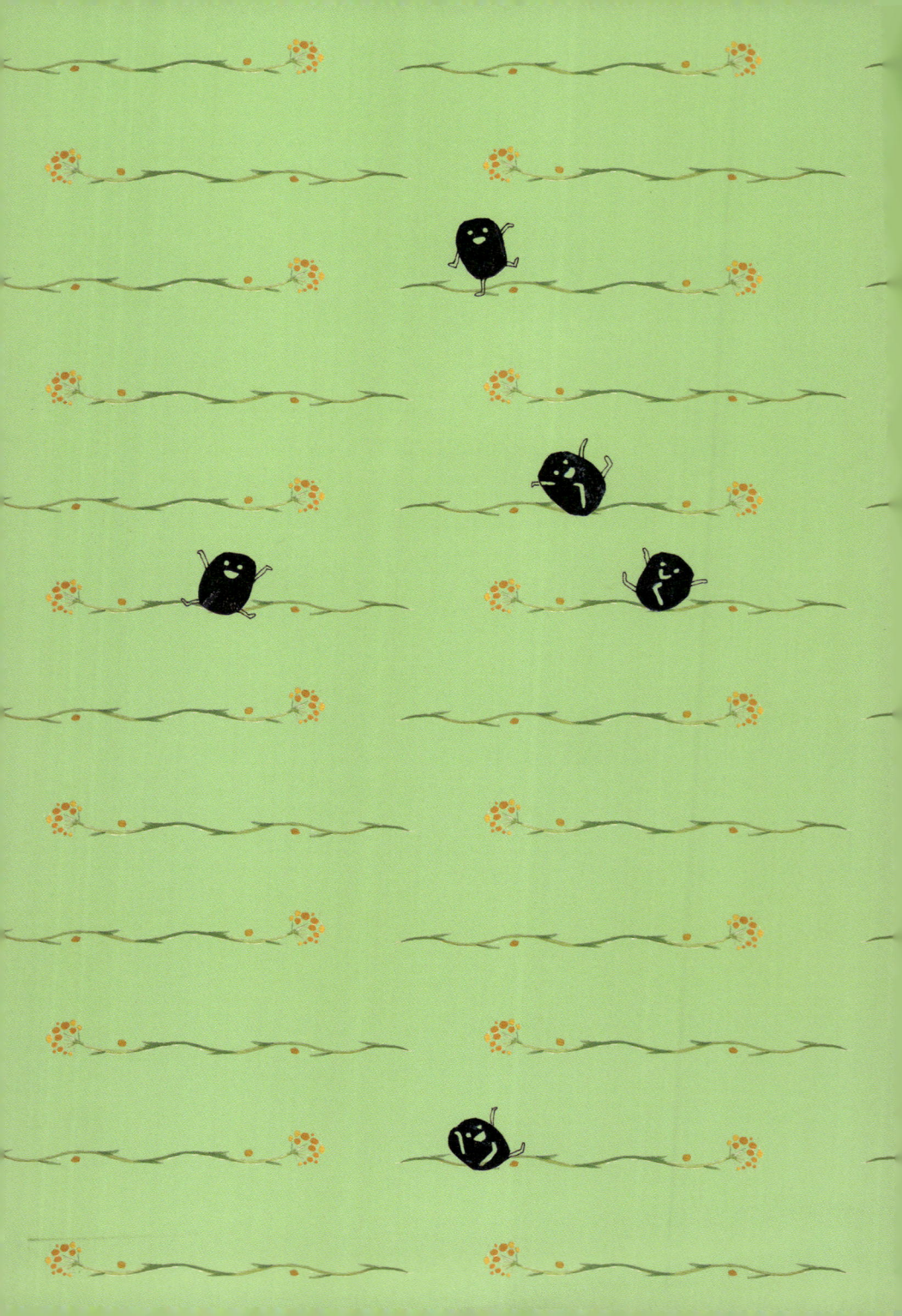

登上
种子
诺亚方舟

蔡 杰 杨娅娟 ◎著

小千干 ◎绘

北京科学技术出版社

100层童书馆

指导单位

中国科学院昆明植物研究所

科学顾问

中国科学院昆明植物研究所研究员、中国西南野生生物种质资源库主任　李德铢

　　感谢中国西南野生生物种质资源库的杨娟、刘泾霞、许祖昌、杨石美、李涟漪为本书提出的宝贵意见。感谢中国科学院植物研究所的郝加琛为本书插画创作提供部分种子参考照片。感谢中国科学院昆明植物研究所的杨梅、李培为本书创作提供的帮助。

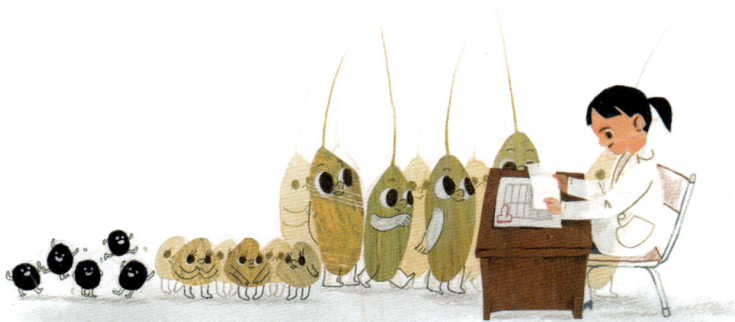

图书在版编目（CIP）数据

登上种子诺亚方舟 / 蔡杰，杨娅娟著；小千千绘 .
北京：北京科学技术出版社，2025. -- ISBN 978-7
-5714-4741-0

Ⅰ . S4-49

中国国家版本馆 CIP 数据核字第 2025PL9750 号

策划编辑：吴筱曦　沈　韦	电　话：0086-10-66135495（总编室）
责任编辑：金可砺	0086-10-66113227（发行部）
营销编辑：何雅诗	网　址：www.bkydw.cn
图文制作：天露霖文化	印　刷：雅迪云印（天津）科技有限公司
责任印制：李　茗	开　本：889 mm×1194 mm　1/32
出 版 人：曾庆宇	字　数：31 千字
出版发行：北京科学技术出版社	印　张：2.5
社　　址：北京西直门南大街 16 号	版　次：2025 年 6 月第 1 版
邮政编码：100035	印　次：2025 年 6 月第 1 次印刷
ISBN 978-7-5714-4741-0	

定　　价：35.00 元

01

出发，去往种子诺亚方舟！

我从睡梦中苏醒，
入睡前的记忆涌上心头。
登记、清理、体检、干燥……
种子诺亚方舟的登船流程在我的脑海中闪过。

一天，我突然被一束光线从甜美的梦乡中唤醒……

　　记忆涌上了心头，我终于想起我是谁了。人们叫我"野生稻"。我曾经生活在海南岛的一个小山沟里。后来，周围的环境全都变了，一幢幢高楼拔地而起，高速公路从我身边穿过，我眼睁睁地看着好朋友——小鱼、小鸟、小昆虫被迫举家搬迁，去了我再也见不到它们的地方。

我一个人孤零零地待在原地，从工厂飘出的浓烟让我咳嗽不止，高速公路上传来的噪声让我无法入眠。就在身体越来越差的时候，我突然想起，因为我们的祖先曾为袁隆平爷爷的杂交水稻研究做出过重要贡献，所以我得到一张前往"种子诺亚方舟"——种质资源库的船票。

　　为了让和我一样正在经历环境变迁的植物可以继续繁衍，人类建了一艘种子诺亚方舟，让我们可以在里面安全地"冬眠"，等到合适的时候再苏醒过来，重建族群。

有一天，我被带到了种子诺亚方舟。一进入大厅，我就遇到许多和我有着同样遭遇的小伙伴。

中国西南野生生物种质资源库

为了能顺利找到并带回这些小伙伴，采集员们会带上许多专业的工具。例如，用来收集采集地点、经纬度及海拔信息的手持定位仪；用于挖掘或松动土壤以采集种子或凭证标本的撬刀；用来采集种子或修剪凭证标本的枝剪；用来制作标本的木制标本夹，这种标本夹同时配合吸水纸或报纸使用。

不仅如此，为了保证健康和安全，采集员还需备好食物、雨具，以及用来治疗跌打损伤的药物等。

遮阳帽

户外背包　枝剪　撬刀　雨伞　手持定位仪

应急药品　矿泉水　压缩饼干

登山杖

木制标本夹　多功能折叠刀　相机

种子管理员站在门口，签收抵达种子诺亚方舟的小伙伴们，把包装好的小伙伴们从车上搬下来，忙得不可开交。种子小伙伴们来自五湖四海，是采集员们一个个搜集起来的。

由于运输的旅程很漫长，为了保持我们的身体干燥、防止霉菌侵入，种子管理员会将我们放入透气的纸袋或布袋。在这样的包装里，我们就可以舒服地享受这次旅程。

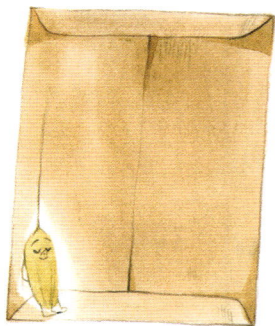

透气的纸袋包装

　　成千上万的种子陆续抵达种子诺亚方舟，全都一窝蜂挤在接待大厅——实验室里。大家叽叽喳喳地聊着天，好热闹呀！

　　种子管理员在接待大厅查验我们的船票或核对采集员在野外采集过程中的记录，包括我们家乡的情况（野外数据）、照片（图像）以及存留的带有我们家族特点的一些物品（凭证标本）。

凭证标本

凭证标本等身份证明材料会被送到不同部门进行专业处理和存档。根据这些材料，可以追溯种子的身份。

　　看！有些种子小伙伴住在"森林巨人"的身上——这些参天大树超过 60 米，相当于 30 层楼那么高，有的树龄超过 1000 岁！要采集附生于巨树上的种子，采集员们就需要铺设缆绳，穿戴特定的攀登设备，小心翼翼地登上巨树。

有的种子小伙伴来自雪山，采集员们需要穿上厚厚的防冻服，戴上预防雪盲症的墨镜，登上高原或者高海拔的大山，才有机会找到它们。如果科考设备过于沉重，采集员们还会拜托牦牛帮忙将它们驮上雪山呢！

还有来自天坑的种子小伙伴。采集员们需要系上缆绳，一点点下降到天坑中。由于天坑中可能有落石，所以安全帽也是天坑科考必不可少的装备。采集员们彼此之间保持距离，一边下降，一边辨认植物，寻找那些生长在坑底或者坑壁上的植物的种子。

种子管理员朝大家招了招手，示意大家安静一些，不要拥挤，要有序地拿着船票和身份凭证办理上船手续。

　　很快，种子小伙伴们都安静下来，一个个朝登记口聚了过来。

这群拿着船票、长着长长睫毛的家伙，就是野草莓。它们来自遥远的大森林，身体里有着优良的遗传物质，可以为新草莓品种的选育和改良提供帮助。

野草莓

这些在天上飘来飘去、横冲直撞的家伙是元宝槭的果实。它们的外形和元宝一样，浑身绿油油的，被风一吹就会飘到空中。而元宝槭的种子可以用来榨油，榨出的油脂肪酸和脂溶性维生素含量很高，具有很好的保健作用。

元宝槭果实

因为元宝槭的树形非常优美，而且叶子的颜色会随着季节变化而变化，所以成为北方常见的绿化树种。它的树皮甚至还可以用于造纸呢！

"我是巨龙竹。与我相见是可遇而不可求的事情，因为大多数木本竹类植物3～120年才开花一次，而且开花后就会死亡。"一个浑厚的声音从我的背后传来，我回头一看，一个巨人一般高大的种子小伙伴站在我身后。

巨龙竹小穗

原来是巨龙竹。它的大名早就如雷贯耳。据记载，巨龙竹是目前世界上最高大的竹子，高近40米，堪称"竹中之王"！

巨龙竹可不光长得高大，它的用途也非常广泛：竹笋经过处理后可以食用；竹竿材质优良，可作为建材用于建筑民宅，也可制成引水管、竹筏、竹筷等用具。

巨龙竹来到种子诺亚方舟可就方便多了，因为巨龙竹自然分布于云南南部，种子诺亚方舟就在它们的家附近。

好高！好高！好高！好高！好高！好高！

躲在巨龙竹身后的，是一大群雪兔子果实。它们个头不大，长得和名字一样可爱。

雪兔子多生长在海拔4500～5000米的高山流石滩、砾石山坡等恶劣环境中。可不要因为雪兔子长得可爱就小看它们。雪兔子是国家二级保护野生植物，有清热解毒、治疗皮

雪兔子

肤病等药用价值。除了具有药用价值，雪兔子还是雪山的守护者，它们能维持雪山生态链，开花后能吸引大量昆虫，提高流石滩上其他植物的授粉概率。

我正准备和雪兔子招手，一个黑色的身影从我眼前闪过。直到那个黑色的影子落到地上我才看清楚，原来是凤仙花的种子。

凤仙花种子

凤仙花

凤仙花全身都是宝，花可以染指甲，茎和种子可以入药。果实成熟后，种子可以借助果荚弹射传播。如果触碰了凤仙花的成熟果实，它就会爆裂卷曲，自动将种子弹出去！

种子管理员招呼大家排成一排，于是我们就排好了队伍。

　　大个子巨龙竹率先完成了登记工作。接着，轮到我和我的兄弟姐妹。排在我身后的是长着长睫毛的野草莓、黑黢黢的凤仙花、蹦蹦跳跳的元宝槭和身形可爱的雪兔子。

种子管理员仔细审核我的资料，确认无误后，在资料上盖上了审核通过的章，并给我分配了独属于我的编号。每一份进入种子诺亚方舟的种子都会获得一个编号，就像人类的身份证号码。

　　现在，我们终于完成"落户"登记，可以安心入住种子诺亚方舟了。

　　不过，入住新家可不能脏兮兮的。在正式进入新房间之前，我和小伙伴们还得去做彻底的清理和体检！

过筛网示意图

大家手牵手，紧张而兴奋地跟着种子管理员，来到了一个名叫"种子清理室"的地方。为了确保在入住新家后健康，我们要在这里做深度清理。同时，由于新家的空间宝贵而有限，我们从老家带来的行李如果超标，就要留在种子清理室。

为了满足不同种子的清理要求，在种子清理室里，有多种工具和设备。

我们率先进入的工具名叫"筛网"。通过筛网，我们携带的杂物（树枝、树叶、杂质、残渣等）就可以被清理出来。种子清理员会根据种子的大小选择不同孔径的筛网，以过滤掉相应的杂质。这可是种子清理员根据身高和体形为我们量身定制的个性化清理方案呢！

种子清理室里的种子分离机就像一条条长长的滑梯，我们只需要从滑梯的顶上滑下来，就可以和杂质轻松分离啦。

大家在这里排队，不要拥挤！

大孔径　　中孔径　　小孔径

绝大多数种子都在种子分离机里完成清理。种子分离机利用风力和种子自重把种子和残渣分开：种子较重，落在左边；残渣通常较轻，落在右边。

　　其实呀，种子分离机利用的就是农民伯伯扬场的原理。收割来的水稻和小麦通过晾晒变得干燥，当起风时，农民伯伯就会用铁锹将粮食高高扬起，让风带走较轻的杂质，吹到距离农民伯伯较远的地方，而较重的粮食则会落在近处。农民伯伯就是利用这个原理，将粮食和杂质分离的。

扬场示意图

种子清理员高举着牌子，让大家在种子分离机前排队，避免拥挤。我们一个接一个地登上种子分离机，然后纵身一跃。一阵强风从下方吹来，几乎快把我吹起来了。我慢悠悠地落在了左边，而身上的脏东西随着风一起飘到了右边的杂质收集区域。

我转头看时，野草莓正在做另一项清理项目——水流冲洗。

　　由于野草莓的种子被紧紧包裹在果肉里，而这些果肉在种子诺亚方舟中会逐渐腐败变质，种子也会伴随果肉的腐败而失去活力，所以在入住种子诺亚方舟之前，必须将果肉仔细地清理干净。

　　但是野草莓的种子真是太多了，如果一粒一粒地挑选，种子管理员需要花费的时间和精力就太多啦。

扑通！

现在，通过挤压揉搓熟透的果实，再经过水流冲洗，就可以轻松地将果肉和种子分离开来啦。

野草莓站在跳板上，扑通一声跳入水池。随着水流的冲洗，野草莓的果肉慢慢分离，附着在果肉上的种子在水中散落开来。

锵锵锵——

冲洗完成后，野草莓种子爬出水池，长长的睫毛上还挂着水珠。种子管理员给它们擦干身体，现在它们已经被洗得干干净净啦！

清理完成了，真是浑身清爽呀。现在种子管理员要带我们进行入住之前的体检。在体检过程中，身体状况不适宜长期在种子诺亚方舟里休眠的小伙伴会被及时发现。如果用于保存在种子诺亚方舟里的小伙伴的数量不足，采集员还需要再去采集新的种子小伙伴进行补充。

首先要做的体检项目是拍 X 射线照片。

由于我们的数量实在太多了，种子管理员就在我们中间随机抽选代表参加体检。

看！种子代表们有序地排好队伍，被带进一个铁箱子（X 射线机）。

大家排好队，然后报数。单号的种子出列，你们将作为代表拍 X 射线照片。

我把门关上后，里面会很黑。大家不要害怕，不要说话，也不要动，我给你们拍个照就好。

　　由于健康状况不同的种子在密度和厚度上存在差异，X射线在穿过时被吸收的程度会不同，因此经过显像处理后得到的影像也不同。

　　种子代表们紧张而有序地走进X射线机。种子管理员站在X射线机外，在调试好参数后，将X射线机的门轻轻关上。

　　门外的种子们也屏住了呼吸，安静地等待着。

正常发育的健康种子往往是饱满的，具有种皮和成熟的胚等完整结构。而生病的种子，就各有各的不同了……

X射线机的门打开了！第一批拍摄X射线照片的种子代表出来了。很快，种子管理员也拿到了拍摄的照片。看到照片后，种子管理员眉头紧皱，看来这一批种子代表的健康状况并不理想呀。

第一张是元宝槭的照片，有一粒肚子里居然有一条虫子，这真的太吓人了！这粒元宝槭也因此没有通过体检。

还有一张是巨龙竹的照片，这粒巨龙竹看上去非常瘦瘪，连腿都只有半截。种子管理员说，这说明这粒巨龙竹可能是半饱满种子。这是一种介于饱满种子和空瘪种子之间的种子状态，虽然具有种皮、胚和胚乳等结构，但胚和胚乳没有充满整粒种子。

最后是野草莓的照片，有一粒野草莓的肚子里居然是一个黑漆漆的空洞。看来这是一粒空瘪种子。空瘪种子不具备发芽能力，所以这粒野草莓种子也没有通过体检。

虫蛀种子

我的肚子里怎么有虫子呀？

虫子

半饱满种子

你的腿怎么只有半截？

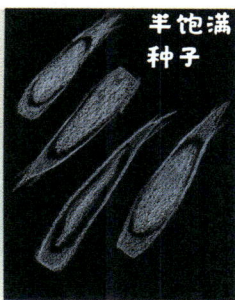

空瘪种子

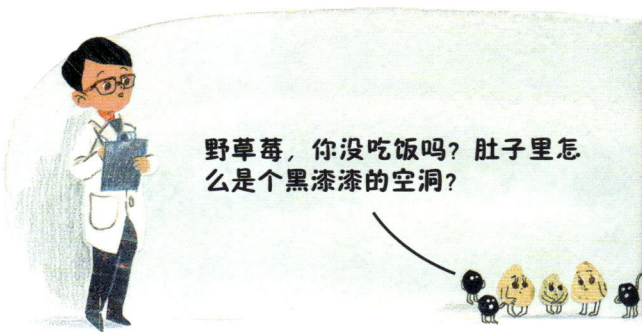

野草莓，你没吃饭吗？肚子里怎么是个黑漆漆的空洞？

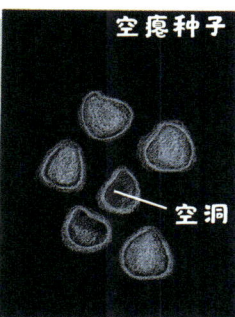

空洞

29

完成 X 射线检测之后，接下去我们要做的体检项目就是称体重。

可别小看称体重，种子管理员可以通过"过磅"来估算我们的数量，给我们分配大小合适的卧室，并安排以后的工作。

而且，称体重可不是简单地站在体重计上就可以完成的工作。由于有的种子重量很小，不便单个称重或单个称重结果误差很大，所以种子管理员采用"千粒重估算法"来估算我们的重量。

千粒重估算法

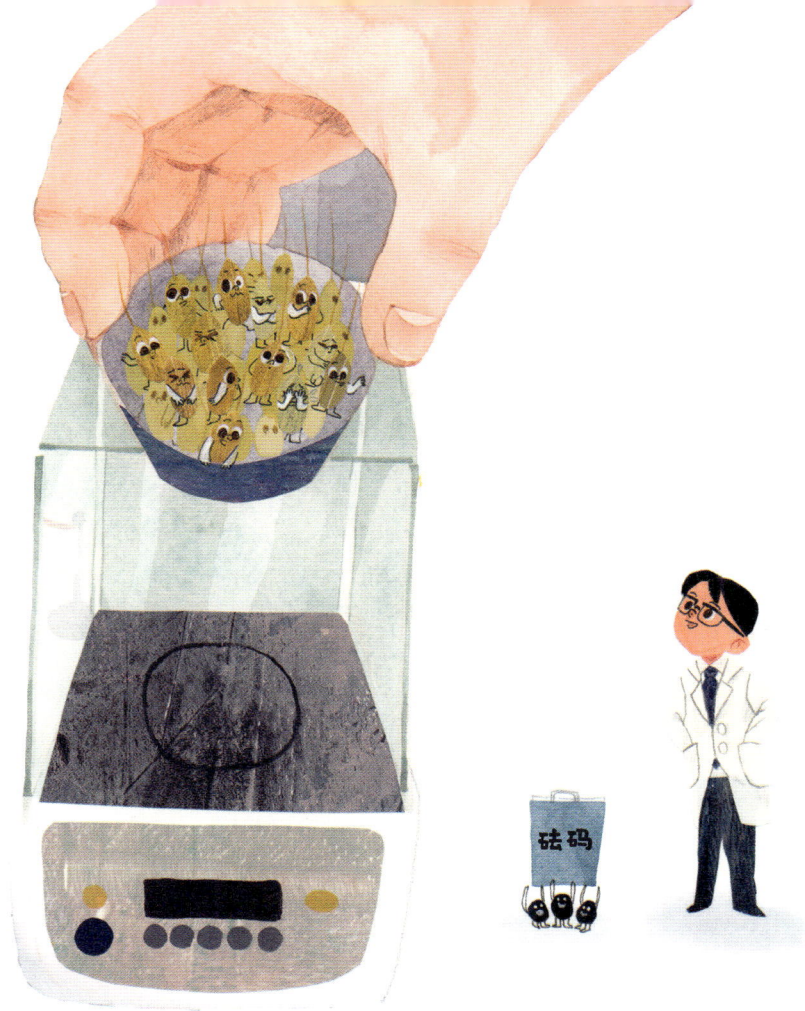

　　千粒重估算法的操作步骤是这样的：先随机选取 5 个样本，每个样本包含 50 粒种子，用电子天平分别称重；之后，再称出剩余种子的总重量，进而估算出全部种子的数量。

来 50 粒种子！

我们在种子管理员的安排下，选出了5组代表。种子管理员把它们轻轻地放到电子天平上，然后关上了电子天平的门，避免因为风导致电子天平示数不准。

　　称重结果出来了！我们的数量居然是这次来到种子诺亚方舟的种子小伙伴里数量最多的。

　　种子管理员在确认了我们的数量之后，决定给我们分配一个大卧室，这样我们就可以住在一起啦！

在根据健康状况和数量确定了分配的房间之后，还有一件重要的事情等待我们去完成，那就是干燥。

如果在进入新家之后身上是湿漉漉的，那我们就会生病，甚至可能因此发霉或者萌发，不利于长期保存。

种子管理员领着我们来到干燥间。干燥间里好宽敞，还能感受到清爽的微风吹拂着我们的身体。我们听话地坐在自己的位置上，等待着身上的水汽被微风慢慢带走。

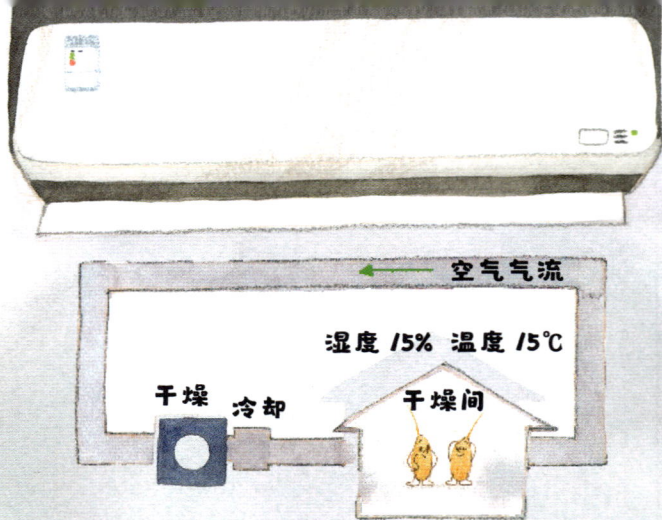

空气气流

湿度 15%　温度 15℃

干燥　冷却　　干燥间

因为干燥间是一个凉爽的空调房，流动的空气经过电机的冷却和干燥，将室内环境保持在温度15℃和湿度15%。干燥凉爽的空气吹拂我们的身体，吹走我们身上的湿气，我们就变得干爽舒适啦！

常见的干燥方式包括空调干燥、树荫干燥、日光浴干燥和木炭干燥。

空调干燥　　　树荫干燥　　　木炭干燥

运输过程中，如果没有空调房，树荫干燥也可以让我们逐渐干燥。在天气晴朗的日子里，我们躺在遮阴的地方，伴随着植物的清香和小鸟的欢唱啼鸣，微风会慢慢带走我们身上的水汽。

日光浴干燥是将我们直接暴露在烈日下，刺眼而强烈的阳光会使我们身上多余的水分迅速蒸发掉。同时，紫外线还有一定的杀菌作用。

但是日光浴干燥存在很大的风险，如果晒日光浴的时间过久，我们就会逐渐失去活力，所以晒日光浴不是最佳的干燥方法。

暴晒

木炭干燥是一种备用的干燥方式。种子被装进透气的袋子，然后摆放在木炭上。木炭作为一种吸水的天然干燥剂，会慢慢地吸收掉我们身上多余的水分。

"好舒服啊！"

我们安静地躺在空调房里，感受着清爽的微风吹拂着身体。为了帮助我们更高效地干燥，种子管理员将我们彻底摊开。如果将我们放入塑料袋并封口，会大大降低干燥的效率哦！

由于我们需要在干燥间里住上几周，以实现彻底的干燥，种子管理员给我们分配了临时的房间。在这里，我和新认识的小伙伴们分享了自己的故事，讲述了来种子诺亚方舟路上的趣闻。

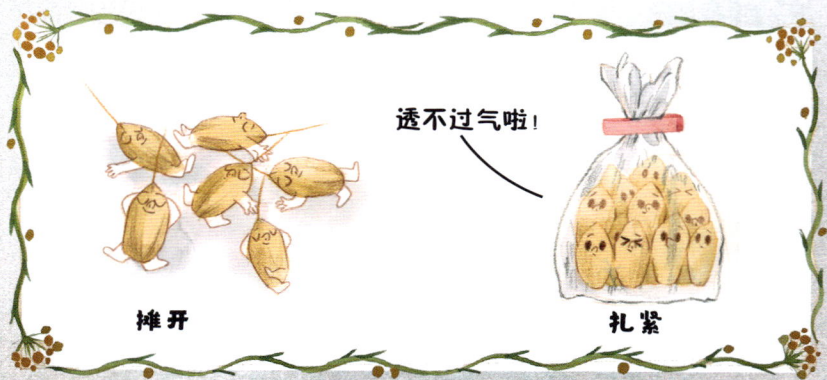

摊开　　　　　　透不过气啦!　　　　扎紧

我们慢慢地适应了又干又冷的环境，也更期待入住新家——冷库之后的生活了！

经过了几周的时间，我们终于正式入住新家。新家的密封性很好，而且干爽、舒适。

　　种子管理员会根据我们的大小和数量，为我们分配合适的房间（密封容器），并发给我们专属的定制门牌。门牌上清晰地写明了家庭住址，种子管理员可以很快地找到我们。

目前，我们体内含水量为 3% ~ 7%，只有保持身体干爽，才能更好地休眠，保持活力。如果身体变得潮湿，我们就会生病。因此，种子管理员需要时刻关注房间里的湿度变化情况。

种子管理员一般会用湿度指示剂来检测空气中的湿度，变色硅胶就是一种常用的湿度指示剂。它对水汽有极强的吸附作用，还能根据结晶水含量的变化显示出不同的颜色，如橙色硅胶吸水后会逐渐变成绿色。

一旦硅胶变色，就说明房间出现了漏气的情况，那么我们就需要重新干燥，并更换房间。

随湿度变化而逐渐变绿的变色硅胶

入住新家已经有一周了，我们睡了一个漫长而安稳的好觉。是时候苏醒过来，去做新的体检了。

这次，种子管理员要来检测我们发芽、变形的能力。他们需要通过萌发实验来确定我们的生活力变化情况。

种子生活力

种子生活力通常是指一批种子中具有生命力（活着）的种子数占种子总数的百分比。

通常在种子入库一周后做第一次萌发实验。此后，每隔5～10年，种子管理员还须参照第一次萌发条件，随机抽取部分种子，再次做萌发实验，并分析种子生活力是否明显下降。

　　一旦开始休眠，我们就会进入深度睡眠状态。所以，把我们从美梦中唤醒也不是一件易事，种子管理员需要根据我们各自的特点，采取不同的方式。

　　快看那边，种子管理员拿着小刀，在对野大豆种子做什么呢？看来，野大豆种子们都躲在又厚又硬的"盔甲"里，种子管理员需要用小刀把"盔甲"划出一个小口，才能让它们喝到水。

我们中的大部分伙伴，只需要慢慢地暖暖身子并喝点儿水就能苏醒。

　　快看，饮水机旁边站满了雪兔子家族的成员，它们喝了水之后一个个都精神起来了！

　　除了喝水，野生稻家族的成员们还需要一些光照和温度才能苏醒过来。

　　种子管理员把我们放在模拟阳光的"暖房"里，我的身上暖洋洋的，心情也变好了许多！

与此同时，元宝槭家族正齐刷刷地坐在风扇前。这怪异的举动引起了大家的围观。原来，它们要在凉爽的条件下才能被唤醒。如果环境过于温暖，讨厌的小霉菌就会来捣乱。

可真凉爽啊！

另一边，凤仙花家族的黑色小家伙们正整齐列队，等待接受特殊治疗。

　　这些拥有嫣红花瓣和纤细叶片的植物，它们的种子此刻因基因中潜藏的"嗜睡症"而陷入深度休眠。种子管理员用银色针管逐一为种子注射淡黄色药剂——被称为"植物唤醒剂"的赤霉素溶液。凤仙花种子需要注射一些赤霉素才可以从睡眠中苏醒。

　　赤霉素作为五大经典植物激素之一，在植物生命周期的多个关键阶段扮演着调控者的角色。种子管理员会使用适量的赤霉素打破种子休眠，促进其发芽。

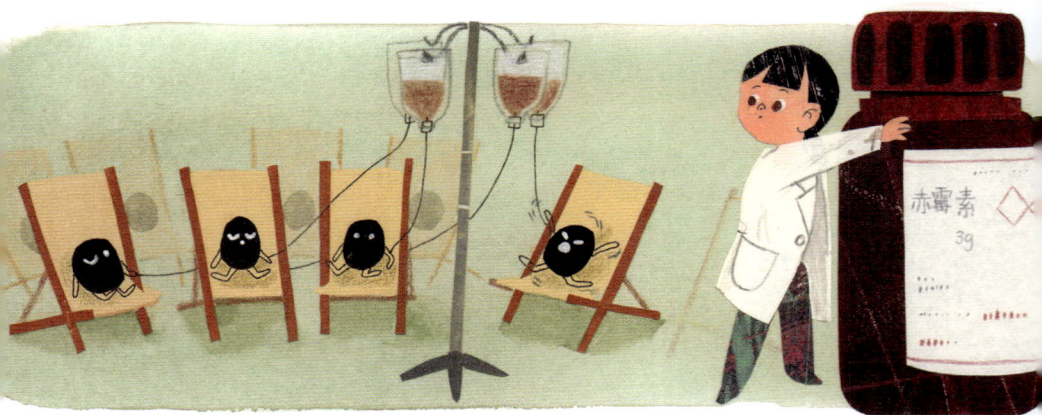

野草莓种子比较特殊，需要经过剧烈的温度变化才能苏醒过来。它们小小的身子在"冰火两重天"中随意切换，赢得了大家的赞叹。经过剧烈的温度变化后，野草莓种子也慢慢变得精神起来，恢复了活力。

对面烟雾缭绕，走近一看才发现是滑桃树种子在泡热水澡。在新家里，它们都被冻僵了，因此需要泡舒服的热水澡"解冻"。

除了种子，还有其他许多小伙伴也来到了种子诺亚方舟，它们将和我们一起等待被需要的那一天。

种子管理员带我们参观种子诺亚方舟的时候，路过了几个神秘的房间。听种子管理员说，这些房间里保存着其他植物、动物和微生物资源。

第一个房间是植物离体库，它是在无菌条件下保存植物的芽、块根和块茎等部位的地方。许多无法用常规方法保存的种质资源往往聚集于此，如兰科、蕨类等依赖无性繁殖和产生脱水敏感性种子的物种等。

第二个房间是DNA（脱氧核糖核酸）库，这里保存着动植物的DNA提取物，可以用来分析动植物的DNA序列。这些珍贵的资源，对于未来的科研和育种工作都具有重要作用。

第三个房间是大型真菌库，是在低温条件下保存菌丝体和孢子的地方。根据不同的保存周期，对它们采用不同的保存温度：短期保存（1～2年）采用4℃冷藏的条件，中期保存（2～5年）采用−80℃冷冻的条件。

植物离体库

DNA（脱氧核糖核酸）库

大型真菌库

第四个房间是微生物种质库，这是在低温条件下保存微生物菌株的地方。根据菌株的特点，管理员还会给它们量身定制最适合的卧室（保存容器）。

第五个房间是动物种质库，这是在低温条件下保存动物细胞、血液等组织的地方。这些组织都是复育动物物种和恢复基因多样性的重要资源。

还有一个房间是植物超低温库，是在 $-196\ ℃$ 的液氮里保存脱水敏感性种子的胚、植物细胞等材料的地方。脱水敏感性种子对水分的流失十分敏感，在干燥的环境里容易被渴死。因此，需要用特殊的方法保存，例如，把种子里的胚取出来，经过特殊溶液的保护处理后，快速放入液氮中保存。银杏、香樟、杜果、椰子、荔枝的种子都是脱水敏感性种子。

这些神秘的房间就像一个个时光胶囊，有的收藏着现在的生命密码，有的珍藏着未来的绿色希望，共同守护地球大家庭的现在与未来。

微生物种质库

动物种质库

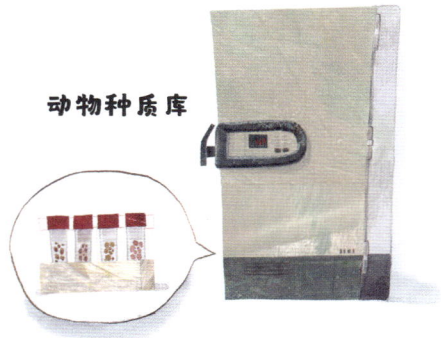

植物超低温库

闭上眼睛，我就要进入甜甜的梦乡了，回想起在种子诺亚方舟度过的每一天，真是充实又快乐。

要建造一艘这么大的方舟一定很不容易吧？

为了保护更多的小伙伴，也为了让我们能够居住得更舒服，科学家和工程师需要考虑很多问题。

种质资源库的建造

种子诺亚方舟应建在安全可靠、交通便利的地方，在保障种质资源安全的同时，还需考虑运输条件的便利程度。

自然灾害是威胁方舟安全的一大因素，因此，还需考虑方舟抵御自然灾害的能力。具体而言，应选择抗震耐热的建筑材料，以最大限度地减少损失。

水电也是必须考虑的因素。一方面是水电的供应，这是保障方舟正常运转的前提；另一方面是排水系统的性能，良好的排水系统能够保障日常工作顺利开展。

方舟内部构造的设计和布局，也耗费了科学家和工程师大量的心血。

由于方舟保存的都是极为珍贵的种质资源，因此需要稳定的内部构造。除了坚固牢靠之外，还应具备优良的承重能力。

此外，内部的干燥、制冷设备等也需要兼具稳定性、节能性和安全性，以保证种质资源始终处于稳定且适宜的环境中。

除了安置工作中会用到的各类设备，基础设施建设也必不可少。例如，在特定地点设置消防喷雾并告知全体工作人员使用方法，定期开展安全教育活动。

方舟能够成为珍贵种质资源的安身之地，离不开科学家和工程师的缜密设计，更离不开社会各界的共同努力。

抵御自然灾害

承重能力佳

交通便利

水电供应充足

在这里，每一粒种子都会得到精心的呵护。未来的某一天，我们可能变成草原、森林的一部分。

即将沉睡的我，将来有一天终会苏醒。那个时候，我一定可以帮助很多人吧！

我们可以萌发，以壮大族群；我们可以被用来治疗某种疾病；我们可以为沙漠植被或者海边粮食作物的培育提供材料；我们可以被带到太空种植……

种质资源库和生态系统

　　生态系统的稳定，与我们每粒种子都息息相关。我们的每次呼吸与心跳，共同构成了大自然最动听的旋律，给予未来崭新的希望。

　　我们能够保护植物界的遗传多样性。遗传多样性是某一物种内部不同个体之间或一个种群内部不同个体的遗传变异总和。我们可以携带家族的基因，在遥远的未来，繁衍生命力更顽强的下一代。

被破坏的生态

我们对生态恢复也有促进作用。生态恢复是帮助恢复和管理生态完整性的过程。自然灾害侵袭和人类过度开采资源，都会对自然环境造成不同程度的破坏。我们能够帮助修复那些在自然突变和人类活动的影响下遭到破坏的自然生态系统。

恢复的生态

我们也为医学研究做出了巨大贡献。科学家对植物进行研究，深入挖掘其药用价值，为治疗人类疾病提供了更多的可能性。

科学家用镊子夹起的黄花蒿种子，其实是一座飘浮的微型药库。这种在荒野中摇曳了百万年的野草，其基因螺旋里不仅镌刻着青蒿素的分子密码，更暗藏治疗糖尿病的 α−葡萄糖苷酶抑制因子。

黄花蒿是一种具备药用研究价值的植物，它曾是在云南山谷中历经百万年生长的野草。因此，科学家认为黄花蒿是药用研究的重要对象。

　　黄花蒿的种子则被安稳地保存在种质资源库里，它们就像是穿越时空的医者，将《本草纲目》中古人的智慧带到了今天。

黄花蒿

神奇的引种栽培

　　我们不仅能在家乡茁壮成长，还有更多的小伙伴会离开家乡，开启新的生活。

　　这就是"引种栽培"。科学家将植物转移到自然分布范围或当前栽培范围以外的地方进行栽培，可以发挥植物的优良特性，还能保护一些珍稀濒危植物。

　　一些地方甚至设立了专门的引种园区，来自五湖四海的植物伙伴欢聚一堂。

也许，在江南某地的某瓶人工营养液环境中，储存了来自天山雪线的雪莲种子。你看它们的种皮表面密布绒毛，这正是生长于帕米尔高原的证据。而雪莲种子携带的抗寒基因，能帮助科学家探究其抗寒机制。

也许，在某个濒危植物保育中心里，科学家正在繁育原本自然分布在武夷山坳的桫椤孢子。科学家借助人工降雨模拟系统，为孢子提供适宜萌发、生长的环境，让它们逐步扎根、发芽……

也许，在黄海之滨，一些从南方原产地北迁

的红树林幼苗已经开始分泌全新的单宁酸变异体。科学家们需要对这些幼苗展开进化实验，让它们的呼吸根逐步适应温带潮汐的周期性节奏，进而慢慢生长。

这些被人类重新编排的生命轨迹，是地球生物圈的备份系统。但我们并不会止步于地球，科学家还会把我们送上遥远的太空。

植物伙伴们在太空环境诱变作用下发生变异，产生全新的优良性状。

2006 年，我国发射了首颗生物育种卫星"实践八号"，搭载了粮、棉和蔬菜等生物材料。2020 年，我国利用"嫦娥五号"开展首次深空育种试验。此后，我国还进行了多次太空育种试验，取得了一系列成果。

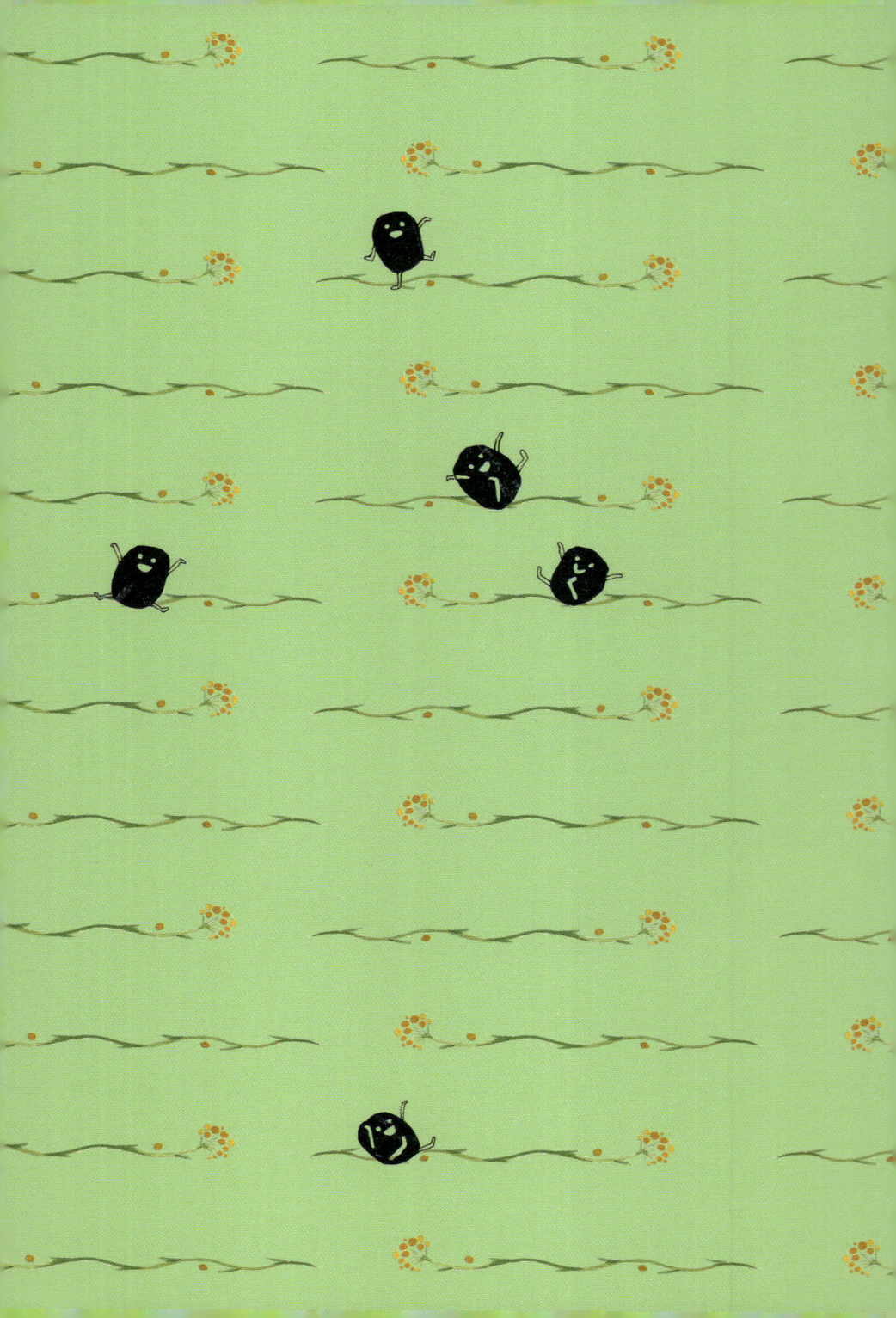

02

了解更多种子诺亚方舟

为什么中国的种子诺亚方舟要建在云南？
种子到底能在方舟里存活多久？

我是种子诺亚方舟的种子管理员。我收集了各位对我们实验室的诸多疑问，接下来为大家一一解答。

其中，大家最关心的问题是，中国西南野生生物种质资源库为什么被称作"种子诺亚方舟"呢？

在中国文化中，种子既可以指植物产生的种子，也可以特指某个物种为繁衍生息留下的遗传资源。

中国西南野生生物种质资源库目前已保存各类野生生物种质资源约 2.7 万种 30 万余份。库内为种质资源提供了适宜的保存环境，犹如种质资源的庇护所，是应对气候变化、保护生物多样性的重要设施。

中国西南野生生物种质资源库保存的不仅仅是植物种子，更是各类植物、动物、微生物族群繁衍生息的希望。科学家帮助它们暂时躲避自然环境恶化带来的生命威胁，给予它们通往未来的"船票"，与它们一同期待下一次苏醒。

欢迎来到中国西南野生生物种质资源库!

许多朋友很好奇，为什么我们将种子诺亚方舟建在云南昆明？

云南有丰富的生物资源，而且昆明的平均海拔约 1900 米，全年温差小。在这样的环境下，种质库能耗较低，运行成本较少。

此外，云南与中国科学院科研机构及高校有长期开展生物资源调查、保护和利用研究的基础，种子诺亚方舟的运行能够得到专业人力和技术的支持。

基于以上优势条件，中国西南野生生物种质资源库于 2005 年正式开始建设，两年后建成并投入使用。经过多年发展，中国西南野生生物种质资源库已具备成熟的保藏能力，并通过种质资源数据库和信息共享系统提升了研究与共享服务水平。

一些朋友还问道："种子到底能在方舟里存活多久？"下面就让我用科学的数据为大家解答。

不同植物的种子特性各异，在冷库里存活的时间也各有不同。此外，种子入库前的品质、处理方式等因素，都会影响种子的存活时间。

科学家利用科学预测模型估算，玉米的种子在昆明室外平均可以存活 2.1 年，而在方舟里预计可以存活 2324 年！大豆的种子在昆明室外可以存活 3.7 年，而在方舟里预计可以存活 4799 年！

那么，种子诺亚方舟是如何保障种子安全的呢？

方舟的主体建筑位于元宝山，海拔高达 1958 米。即使未来全球气候持续变暖导致海平面上升，也不容易被淹没。

地震是威胁建筑安全的一大自然灾害。出于这方面的考虑，方舟的主体建筑构造牢固，能抵抗 8 级地震。

安全的设备为科学家们的工作保驾护航。方舟里的种子冷库等核心设备采用双回路供电，并配有备用柴油发电机，保障方舟核心区持续运转。

此外，干燥和冷藏等核心设备由专业人员负责维护。设备出现问题时，可以被及时发现并解决。

除了建筑、设备，我们还建立了完善的制度（如出入冷库登记制度），并有 24 小时监控，全方位确保种质资源的安全。

最后，我还想为大家介绍一下我们种质资源库提供的共享服务，让更多热心生物保护工作的人及时得到帮助！

首先，我们拥有丰富的实物资源，包括种子、植物苗、离体培养物、DNA、动物细胞和微生物菌株等，能为科学研究提供基础材料。

其次，开展技术咨询，包括种子采集保存、种子活力检测、数据分析、种质扩繁方法和科普活动等服务。

最后，种质资源库还保存了海量的数据资源，囊括物种分布数据、种子萌发数据、种子形态数据、DNA 条形码数据和基因组浅层测序数据等。

有需要的伙伴，请与我们联系！让我们携起手来，共同守护生物的多样性，为了地球更美好的明天持续奋斗！

本次揭秘活动告一段落，欢迎更多关心植物的朋友多多与我们交流！（中国西南野生生物种质资源库网站：http://www.genobank.org）

为了植物大家庭的美好未来，我们也会继续收集种子和其他珍贵植物资源，并以科学的方式加以管理和保护，让它们能以良好的状态在遥远的未来苏醒！